CON GRIN SU CONOCIMIENTOS VALEN MAS

- Publicamos su trabajo académico, tesis y tesina

- Su propio eBook y libro - en todos los comercios importantes del mundo

- Cada venta le sale rentable

Ahora suba en www.GRIN.com
y publique gratis

Marina Bolado Penagos

Ecosistema de afloramiento de Canarias. NW Africano

Procesos tróficos y ecosistemas marinos

GRIN Verlag

Bibliografische Information der Deutschen Nationalbibliothek:

Die Deutsche Bibliothek verzeichnet diese Publikation in der Deutschen National-bibliografie; detaillierte bibliografische Daten sind im Internet über http://dnb.d-nb.de/ abrufbar.

Dieses Werk sowie alle darin enthaltenen einzelnen Beiträge und Abbildungen sind urheberrechtlich geschützt. Jede Verwertung, die nicht ausdrücklich vom Urheberrechtsschutz zugelassen ist, bedarf der vorherigen Zustimmung des Verlages. Das gilt insbesondere für Vervielfältigungen, Bearbeitungen, Übersetzungen, Mikroverfilmungen, Auswertungen durch Datenbanken und für die Einspeicherung und Verarbeitung in elektronische Systeme. Alle Rechte, auch die des auszugsweisen Nachdrucks, der fotomechanischen Wiedergabe (einschließlich Mikrokopie) sowie der Auswertung durch Datenbanken oder ähnliche Einrichtungen, vorbehalten.

Imprint:

Copyright © 2011 GRIN Verlag GmbH
Druck und Bindung: Books on Demand GmbH, Norderstedt Germany
ISBN: 978-3-656-49884-1

This book at GRIN:

http://www.grin.com/es/e-book/232752/ecosistema-de-afloramiento-de-canarias-nw-africano

GRIN - Your knowledge has value

Der GRIN Verlag publiziert seit 1998 wissenschaftliche Arbeiten von Studenten, Hochschullehrern und anderen Akademikern als eBook und gedrucktes Buch. Die Verlagswebsite www.grin.com ist die ideale Plattform zur Veröffentlichung von Hausarbeiten, Abschlussarbeiten, wissenschaftlichen Aufsätzen, Dissertationen und Fachbüchern.

Visit us on the internet:

http://www.grin.com/

http://www.facebook.com/grincom

http://www.twitter.com/grin_com

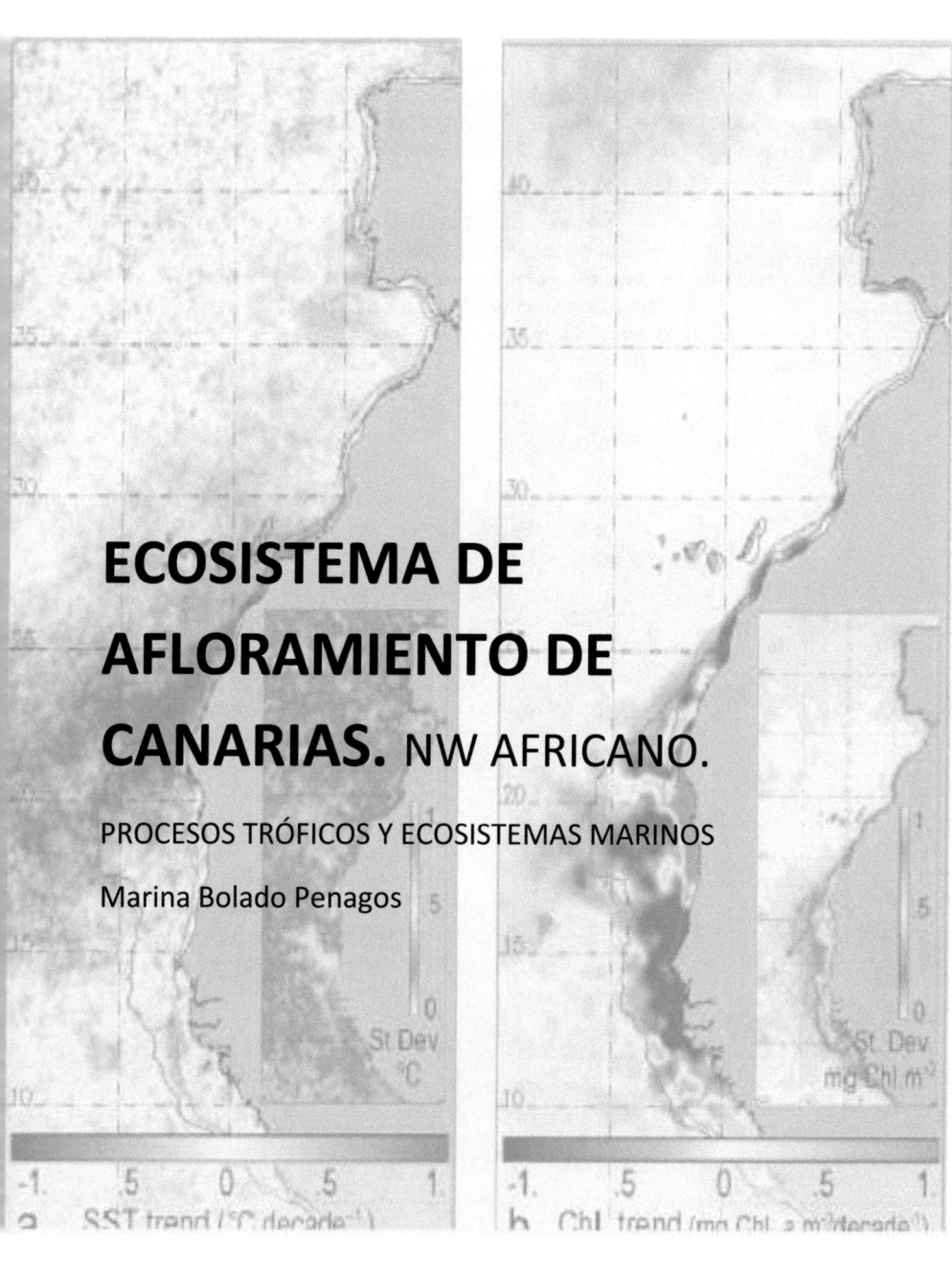

ECOSISTEMA DE AFLORAMIENTO DE CANARIAS. NW AFRICANO.

PROCESOS TRÓFICOS Y ECOSISTEMAS MARINOS

Marina Bolado Penagos

INTRODUCCIÓN.

El ecosistema de afloramiento de Canarias se divide en dos sub-regiones, una de ellas se corresponde con el Noroeste Africano (región de la Corriente de Canarias) y la otra se encuentra enmarcada a lo largo de la costa occidental de la Península Ibérica. Es uno de los cuatro principales sistemas de afloramiento del límite oriental (EBUEs) a nivel global, y por lo tanto se trata de un ecosistema muy productivo además de poseer una actividad pesquera muy importante.

Abarca una amplia extensión latitudinal, desde los 12 hasta los 43°N (Figura 1), aunque estos límites norte y sur se pueden ver modificados estacionalmente. Como se ha comentado, existen dos regiones las cuales se encuentran delimitadas debido a la presencia del Estrecho de Gibraltar, y en el presente trabajo se va a estudiar detalladamente la sub-región correspondiente con el NW Africano, condicionada por la presencia de la Corriente de Canarias.

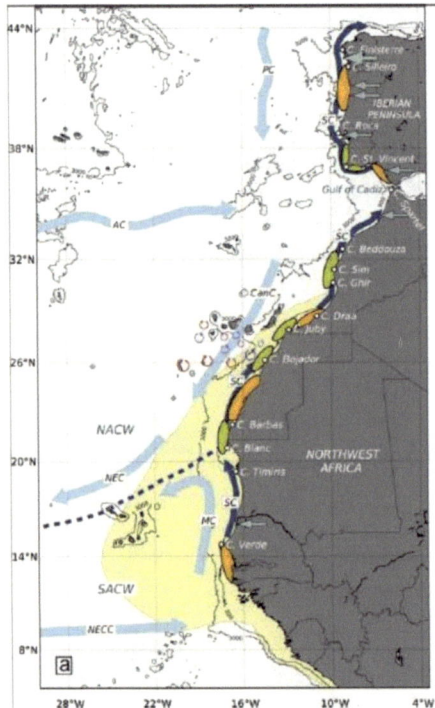

La Corriente de Canarias es una extensión natural de la Corriente de las Azores, se aproxima al margen oriental del Atlántico Norte y gira hacia el sur, forzada por los vientos característicos de la zona (Alisios) y por la presencia del continente africano. Este flujo que se desplaza hacia el sur está constituido por agua de la termoclina superior de aguas centrales del Atlántico Norte (NACW), aparece a unos 700 metros por encima de la cuenca Canaria, aproximadamente entre el Estrecho de Gibraltar (36°N) y Cabo Blanco (21°N). Además alimenta la recirculación anticiclónica en el sur de la corriente del Atlántico Norte (Machín et al., 2006)(Figura 2).

Fig.1. Mapa esquemático de la Cuenca de Canarias donde se muestrean las principales corrientes y sub-regiones del ecosistema de afloramiento.
En azul corrientes superficiales y en azul las corrientes de talud (Arístegui et al., 2009).

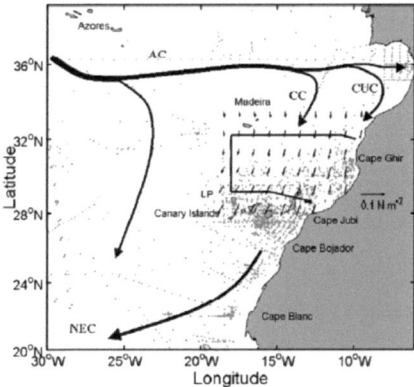

Fig.2. Atlántico Norte oriental subtropical. LP La Palma, AC Corriente de las Azores, CC Corriente de Canarias, CUC Upwelling de la Corriente de Canarias. (Machín et al., 2006).

Como la mayoría de las regiones de upwelling, la Corriente de Canarias está caracterizada por intensos fenómenos de mesoscala en la zona de transición entre aguas frías, aguas ricas en nutrientes del régimen de upwelling costero y las aguas calientes y oligotróficas de mar abierto. La presencia del archipiélago canario introduce una fuente de variabilidad, ya que actúan apantallando el paso de la corriente principal y los vientos favoreciendo la generación de vórtices y estructuras de mesoscala (Barton et al., 1998). Se trata de la única zona de transición costera que es atravesada por un archipiélago que generan remolinos de diámetros comprendidos entre 50 y 100 km en el flujo a lo largo de la costa (Barton et al., 2004). El flujo incidente por parte tanto de la Corriente de Canarias como de los vientos Alisios es alterado debido a la fuerte topografía de las islas que supone la aparición de numerosos upwelling aguas abajo.

NW AFRICANO.

En la sub-región que se desarrolla a lo largo de la costa NW del continente Africano pueden diferenciarse a su vez otras dos sub-regiones (Arístegui et al., 2009). La primera de ellas es la *sub-región Marroquí* que se desarrolla entre Cabo Sim y Cabo Blanco (Figura 1), la cual se beneficia durante todo el año de la presencia de afloramiento en sus aguas y además está caracterizada por importantes zonas de pesca y un alto nivel de procesos oceanográficos de mesoscala debidos a su heterogeneidad geográfica. Debido a variaciones en la anchura de la plataforma, presencia de cabos importantes y la perturbación debida a las Islas Canarias se producen extensos filamentos y remolinos (eddies) inducidos por las islas. Al sur de Cabo Blanco se encuentra la *sub-región Mauritania-Senegal*, delimitada al norte por la separación de la Corriente de Canarias de la costa y al sur por los vientos invernales que producen afloramiento. Es la única zona de todo el EBUEs de Canarias que está dominada por el alto nivel de nutrientes de las Aguas Centrales del Atlántico Sur (SACW), y se trata de la región más productiva y la única en la que se han encontrado condiciones de hipoxia en la zona de mínimo oxígeno (Karstensen et al., 2008). Su próxima localización al desierto del Sahara hace que esté expuesta a una de las mayores tasas de deposición de polvo transmitida por el aire lo que tiene una gran importancia en la biogeoquímica del área. En la frontera existente entre estas dos sub-regiones se da la mayor exportación de material disuelto y en suspensión, que la Corriente de Canarias por advección desplazará hacia el mar.

CLIMATOLOGÍA Y CICLO ESTACIONAL DEL SISTEMA DE UPWELLING.

A partir de las medidas obtenidas mediante el satélite SST (Satellite-derived Sea-surface Temperature), se estudió la variabilidad del EBUES de Canarias (determinando el índice de upwelling) en las dos últimas décadas del siglo XX (Santos et al., 2005). Con este estudio se logro un buen conocimiento de los patrones de climatología y estacionalidad de este ecosistema de afloramiento (Figura 3). En general la variabilidad estacional en este sistema está asociado con la migración meridional a larga escala de los vientos Alisios, los cuales afectan a la región norte del ecosistema en verano y se traslada hacia el sur en invierno. La parte central de la costa NW Africana, entre 21-31°N (sub-región Marroquí), donde el afloramiento persiste durante todo el año alcanzando su máxima intensidad en otoño y primavera. La segunda sub-región de la fracción del EBUEs que se está estudiando, Mauritania-Senegal 12-20°N, el afloramiento se produce en invierno y estacionalmente está más pronunciado (debido al reemplazamiento de los vientos Alisios en verano por parte de los Monzones, los cuales por advección transportan agua cálida hacia el norte a lo largo de la costa).

Durante el invierno, estas dos áreas de la sub-región Africana tienden a fusionarse formando una región de afloramiento espacialmente continua.

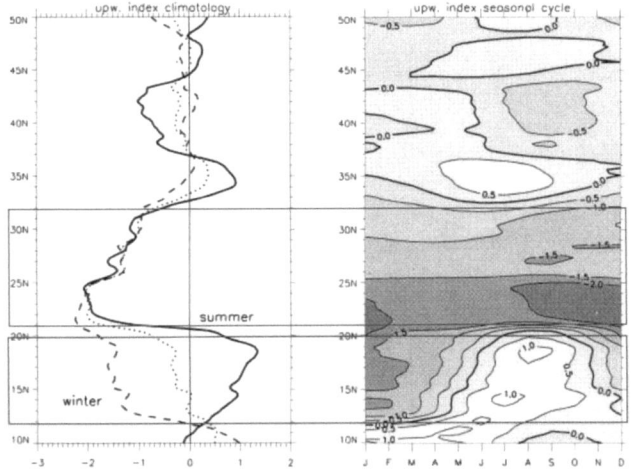

Fig.3. Izquierda: perfiles meridionales del índice de upwelling, línea punteada media de las mediciones obtenidas durante los 20 años de estudio, línea sólida verano y línea discontinua invierno. A la derecha: ciclo estacional del índice de upwelling (°C). En azul se ha delimitado la sub-región Marroquí y en rojo Mauritania-Senegal (modificado de Santos et al., 2005).

El perfil meridional (Figura 3) indica que en sentido climatológico todo el ecosistema de afloramiento (incluida la parte Ibérica), está sometida a afloramiento, el índice es negativo en todos los lugares salvo en la latitud correspondiente al Estrecho de Gibraltar donde se interrumpe. Además los resultados obtenidos por las mediciones de satélite corroboran los patrones de climatología y estacionalidad del sistema.

VARIABILIDAD REGIONAL OCEANOGRÁFICA.

A lo largo de prácticamente toda la sub-región Marroquí el upwelling permanece durante todo el año. La formación de filamentos se hace especialmente notable en Cabo Ghir (30°N) y Cabo Juby (28°N). En algunos estudios se sugirió que el filamento del Cabo Ghir en otoño representa la principal separación de la Corriente Canaria desde la costa, exportando largas cantidades de materia orgánica hacia océano abierto. Cerca del Cabo Juby, las Islas Canarias introduce fenómenos de mesoscala en forma de vórtices aguas abajo que frecuentemente introducen aguas del filamento del Cabo Juby extendiéndose offshore y mejora de intercambios a través de talud.

La variabilidad de los eventos sigue un patrón clásico en áreas de plataforma estrecha como en Cabo Bojador, pero donde en amplias zonas de plataforma ensanchada se producen afloramientos (Figura 4d). En el último caso la combinación de una débil estratificación, plataforma ancha y favorables episodios de vientos persistentes genera la progresiva separación de la célula de upwelling principal desde la costa. Se detectó en toda la sub-región una corriente hacia los polos a unos 100 km de costa y en torno a 300 metros de profundidad. Los flujos superficiales se revierten hacia el Ecuador a finales del otoño y durante el invierno entre las Islas Canarias y Marruecos, quizá debido al debilitamiento de los vientos Alisios al sur del Cabo Ghir.

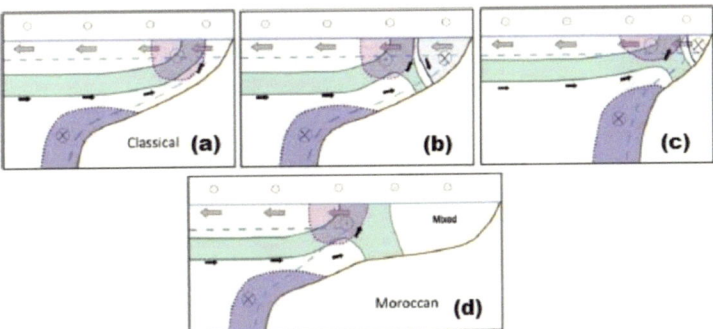

Fig.4. Secciones de células de upwelling de las diferentes sub-regiones: (a) clásica circulación de upwelling; (b y c) combinación de ambos escenarios se corresponde con las características de la sub-región Mauritania-Senegal; (d) sub-región Marroquí (modificado de Arístegui et al., 2009).

La sub-región Mauritania-Senegal se diferencia por la presencia de SACW, que llega a partir de un circuito incluyendo la corriente Ecuatorial del Norte. Esta masa de agua de transporta por advección hacia el norte entre las latitudes 15 y 20°N por aguas próximas a la costa de la circulación ciclónica permanente la cual encuentra la separación de la Corriente de Canarias en Cabo Blanco produciéndose un intenso frente de masas de agua. El upwelling se desarrolla en costa durante el invierno en el flujo que se desplaza hacia el norte es el factor que determina la variabilidad en la zona. En Cabo Verde un fuerte upwelling separado de costa.

ENRIQUECIMIENTO DE NUTRIENTES Y PRODUCTIVIDAD.

La productividad de cada sub-región dependerá de la eficiencia de la captura de nutrientes próximos a costa. Esto está directamente relacionado con el tiempo de renovación de la plataforma continental que, a su vez, está controlado por la intensidad del afloramiento y la morfología de la costa. En este contexto, las sub-regiones que se están estudiando (costa Africana) presentan una plataforma mucho más ancha que el resto del sistema.

La región situada más al norte de la costa Africana (Marroquí) está caracterizada por una débil estacionalidad (relación entre la fuerza del viento y la concentración de nitrato en superficie) y la clorofila (Figura 5) se encuentra confinada en la costa. El área de Cabo Blanco (19-24°N) también presenta una débil estacionalidad pero en este caso se da una persistente extensión de clorofila offshore. Al sur de Cabo Blanco, sub-región Mauritania-Senegal, la clorofila aumenta extendiéndose de la costa hacia mar abierto de febrero a mayo, seguido una abrupta caída durante el verano. La limitación de nutrientes es el factor clave para explicar la débil extensión de clorofila offshore en el norte y la variabilidad con la latitud de la producción (Lauthuilière et al., 2008).

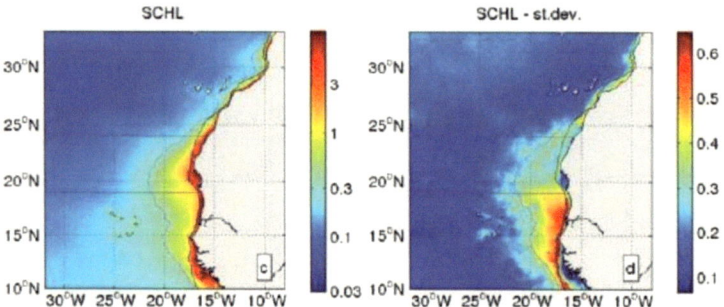

Fig.5. (c) Variabilidad de la clorofila superficial (SCHL). Clorofila-a superficial (derivada de SeaWiFS). Los tonos magenta representan el Índice de Extensión de Clorofila (CEI) definido como la distancia desde costa donde la concentración de SCHL es igual a tres veces la media de la concentración de SCHL 1200-1500 km offshore. (d) Desviación estándar del log(SCHL) (Lauthuilière et al., 2008).

Explicaron el motivo por al cual se produce un aumento gradual offshore de clorofila al sur de la latitud 21°N durante la estación de afloramiento como un aumento positivo en la nutriclina debido a la fuerza del viento. En qué medida esta extensión de clorofila en alta mar es debida al bombeo de nutrientes, o la importancia de la advección de una alta tasa de producción desde la costa hacia la región entre NACW y SACW, aún no se conoce con exactitud.

La variabilidad regional de la estructura plantónica en la Corriente de Canarias es prácticamente desconocida, con algunas excepciones locales que si se conocen pero son insuficientes para conocer la distribución geográfica de esta variabilidad. En la sub-región Marroquí se ha estudiado la variabilidad referente a la estructura de la comunidad planctónica y su metabolismo, donde los filamentos del afloramiento permanecen constantes a lo largo del año. Las diatomeas dominan en la plataforma mientras que dinoflagelados y picoplancton son dominantes en regiones offshore. La tendencia general observada era de una alta biomasa de fitoplancton próxima a costa desplazándose hacia fitoplancton pequeño offshore, reflejándose la eficiencia de las células de mayor tamaño tomando la mayor parte de los nutrientes aflorados. El crecimiento del fitoplancton pequeño alejado de la plataforma se basa en nutrientes disueltos regenerados tanto orgánicos como inorgánicos. Este reiterado gradiente offshore, sin embargo, no es siempre paralelo a un patrón similar de distribución en el equilibrio del balance metabólico de las comunidades planctónicas.

PÉRDIDAS EN PRODUCTIVIDAD DESDE LA PLATAFORMA HACIA OFFSHORE.

La Corriente de Canarias, al igual que otros ecosistemas de afloramiento (EBUEs), está caracterizada por un intenso transporte de Ekman offshore y una fuerte heterogeneidad de fenómenos de mesoscala en forma de meandros, filamentos y eddies, los cuales facilitan el intercambio entre aguas costeras y propiedades biológicas con el océano abierto. Sin embargo, a pesar de esta importancia la magnitud del transporte de materia orgánica desde la costa hacia el océano a escala global está mal cuantificada. El transporte de Ekman de esta corriente varia en un orden de magnitud entre las sub-regiones del sur (media de 2.16 $m^2 s^{-1}$, 12 meses a la latitud 17°30'N) y el norte del ecosistema de afloramiento (Figura 6). El transporte de Ekman se ve aumentado debido a la canalización de agua offshore a través de inestabilidades de mesoscala del chorro costero, como los filamentos de upwelling, chorros y eddies, que alteran la imagen proporcionada a gran escala por el transporte de Ekman superficial. En el retorno de los filamentos del flujo asociados con meandros del chorro costero podrán recircular algunos materiales suspendidos y disueltos hacia la plataforma, como inestabilidades más pequeñas y remolinos derivados de los filamentos, pero el efecto neto no parece mejorar la exportación (Barton et al., 1998).

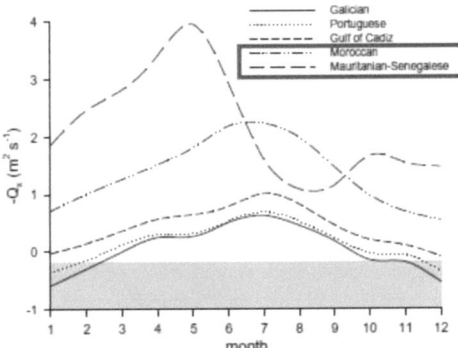

Fig.6. Media estacional a largo plazo del transporte de Ekman offshore en las distintas áreas del upwelling (modificado de Arístegui et al., 2009).

Se analizó por primera vez la contribución de los filamentos del afloramiento a la exportación de carbono hacia océano abierto en un EBUES en el trabajo realizado por Álvarez-Salgado et al. (2007). El estudio se basó en tres filamentos en distintas situaciones de su estacionalidad, que abarca desde la etapa de fuerte upwelling hasta la relajación. El filamento de Cabo Ghir exporta de dos a tres veces más materia orgánica que los otros filamentos estudiados debido a sus grandes dimensiones. Extrapolando los flujos de carbón obtenidos en los tres casos de estudio en todo el ecosistema de afloramiento de la Corriente de Canarias se vio que la relación entre filamentos y transporte de Ekman iba desde 2.5 para la sub-región de Galicia (área más al norte del EBUE) hasta 4.5 para la marroquí. El mayor intercambio a lo largo de la plataforma de materia orgánica debería de darse en la gran extensión de los filamentos de Cabo Blanco. Imágenes de color oceánico y medidas *in-situ* ponen en evidencia que los filamentos de la sub-región de Marruecos podrían transportar el fitoplancton costero desde la superficie hasta 400 km offshore.

Entre Cabo Juby y Cabo Blanco surgen numerosos filamentos de pequeño tamaño debidos a la interacción del chorro costero con los remolinos generados por la presencia del archipiélago. Las aguas costeras afloradas con alto contenido en clorofila son arrastradas a la deriva por los remolinos hacia el sur a lo largo de la corriente e interactuando con el chorro costero. Los remolinos pueden hacer recircular las aguas afloradas hacia costa, o intercambio a través de eddies ciclónicos y anticiclónicos hacia el océano abierto. La frecuencia de esas interacciones podría determinar la magnitud del conjunto de intercambios en la región.

Muchos de los estudios sobre el papel que juegan los filamentos en la exportación de materiales hacia zonas offshore se han centrado en el transporte hacia el mar de organismos vivos y partículas detríticas. Álvarez-Salgado et al. (2007) estimaron que una parte significante de la producción neta de la comunidad generada en el afloramiento costero podría ser exportada hacia océano abierto, en gran medida como materia orgánica disuelta. En particular en este estudio calcularon que los filamentos de Marruecos exportan en torno al 60% de la producción, del cual más de un 95% estaba en forma disuelta.

INTERACCIONES FÍSICO-BIOLÓGICAS EN LOS PRIMEROS ESTADÍOS.

Las regiones de upwelling costero deben proporcionar no sólo la entrada de un alto input de nutrientes y productividad primaria para mantener niveles tróficos superiores, sino también la retención física mediada por procesos que permitan a los organismos evitar el transporte advectivo desde costa, antes de completar sus ciclos vitales.

El transporte offshore de estadíos tempranos de crecimiento hacia hábitats no favorables para la alimentación (aguas oceánicas oligotróficas) es una de las causas del fracaso en el reclutamiento en sistemas de upwelling. La circulación de afloramiento impulsada por el viento de por sí es uno de los mecanismos que puede terminar con los primeros estadíos de organismos de vida marina en las aguas costeras productivas, pero los filamentos de upwelling son conductos particularmente importantes para exportar material biológico hacia aguas oligotróficas. Por otro lado, diferentes características locales, tales como plumas flotantes, corrientes hacia los polos, remolinos, diferentes afloramientos e islas, podrían ayudar a la retención y supervivencia de los estadíos tempranos de vida de varias especies marinas.

En la sub-región Marroquí hay varias áreas de desove y de nursery de pequeños peces pelágicos, aunque las principales se encuentran localizadas entre el Cabo Bodajor y Cabo Blanco: en latitudes 21-23°N especies de sardinella (*Sardinella aurita* y *Sardinella maderensis*) y en 23-26°N para sardina. Esta sección costera está caracterizada por una amplia y poco profunda plataforma continental, lo que deja que salga de una zona costera bien mezclada a una zona de retención para larvas de peces.

A partir de modelos IBM para predecir patrones de desove de pequeños pelágicos en la sub-región Marroquí, simulando una estrategia de reproducción con características del lecho parental. Combinando varias limitaciones del medio (temperatura letal, retención sobre la plataforma, y evitar la dispersión) se identificó una región principal de desove entre Cabo Bojador y Cabo Barbas, y una menos importante cercana al Cabo Draa. Al sur del Cabo Bojador, la limitación debida a la retención en plataforma explica el desove de sardina durante la débil estación de afloramiento invernal, mientras que la limitación de no dispersión se dio en el máximo de desove de anchoa durante el fuerte afloramiento estival.

Entre los mecanismos más importantes que influyen en la dispersión larvaria (o retención) se encuentran los numerosos filamentos de afloramiento distribuidos a lo largo de la sub- región Marroquí entre Cabo Ghir y Cabo Blanco. En particular los filamentos asociados a Cabo Juby y Cabo Bojador que pueden interactuar con el campo de remolinos situado al sur del archipiélago Canario. El sistema filamento-eddy supone un medio adecuado para el desarrollo y transporte larvario hacia las Islas Canarias.

Al sur de Cabo Verde, en la sub-región Mauritania-Senegal, *Sardinella aurita* desova de forma intensa durante la primavera tardía, coincidiendo con el pico del upwelling estacional.

ENSAMBLAJES DE PECES Y DISTRIBUCIÓN.

La Corriente de Canarias refugia variedad de ensamblajes de peces que van desde el norte hasta el sur de este sistema. Las sub-regiones Marroquí y del Golfo de Cádiz constituyen una zona de transición desde provincias subtropicales y templadas. La sub-región Mauritania-Senegal la cual está afectada por un fuerte contraste de temperatura debido al cambio estacional del frente inter-tropical, presenta un ensamblaje faunístico complejo dominado por especies subtropicales y tropicales, aunque algunas especies de pequeños pelágicos de zonas templadas extienden su presencia hasta esta área.

Una particularidad de la Corriente de Canarias es que al contrario de otros EBUEs durante su período histórico, la anchoa (*E. encrasicolus*) constituye una de las especies de pequeños pelágicos menos abundantes; no hay evidencias de cambios de población por sucesión de etapas de sardinas y anchoa.

La sub-región Marroquí está caracterizada por una alta abundancia global de peces en relación con las áreas vecinas, y por pronunciadas fluctuaciones en los ensamblajes de peces. El ensamblaje de pequeños peces pelágicos está dominado por sardina. Sin embargo, existen evidencias de que el ensamblaje pelágico costero podría haber estado compuesto por un mix de alacha, jureles y caballas antes de la aparición del boom de sardinas entre Cabo Bodajor y Cabo Blanco en los 70s. El ensamblaje demersal en la plataforma está representado por espáridos y cefalópodos, pero también meros, corvinas y roncos. Pez sable (*Trichiurus lepturus*) y merluzas (*Merluccius senegalensis* y *M. polli*) representan un importante componente del ensamblaje de peces fuera de la plataforma.

El ensamblaje costero de peces pelágicos en la sub-región Mauritania-Senegal está dominado por alachas y jureles. Aunque espáridos y cefalópodos son también el principal componente de la comunidad demersal en Mauritania, su abundancia disminuye notablemente en la plataforma de Senegal donde ceden la dominancia a meros y corvinas. La distribución latitudinal de los espáridos está influenciada por fuertes cambios estacionales en el frente de temperatura y la dependencia de la termoclina.

Estudios de las especies más importantes del NW Africano han resaltado la variabilidad hidrológica estacional como factor clave que conduce y estructura su distribución y las migraciones estacionales. El patrón general obtenido de estos estudios es que los desplazamientos latitudinales realizados por estas especies dependen de su posición geográfica y batimétrica.

En el norte del área de transición intertropical, los desplazamientos norte-sur prevalecen para la mayoría de pequeños peces pelágicos (Figura 7), algunos peces pelágicos grandes, grandes tiburones epipelágicos y peces demersales. Como consecuencia de ello, los refugios de la zona de transición entre las dos regiones de la costa Africana presentan una importante proporción de especies subtropicales que migran hacia el norte durante el verano, y especies de aguas cálidas (como sardinas, jureles, y algunos espáridos) que expanden su rango de distribución hacia el sur durante el invierno.

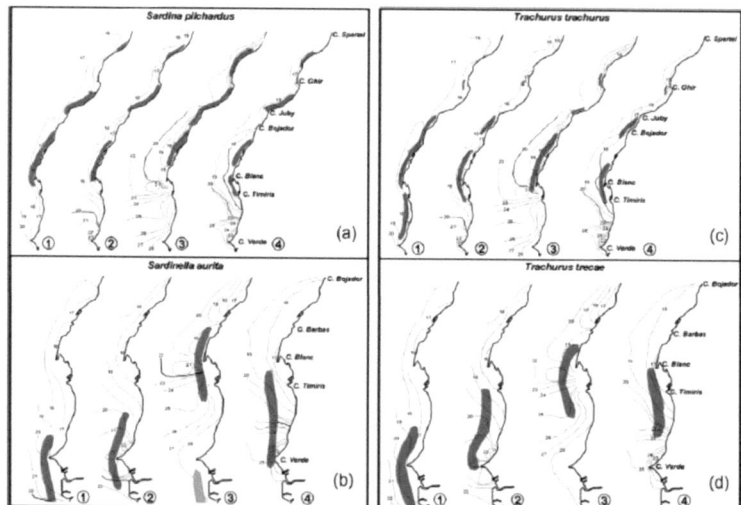

Fig.7. Distribución esquemática espacial y temporal de especies de pequeños pelágicos del NW Africano, a partir de observaciones acústicas: (a) Sardina; (b) Alacha; (c) Jurel Europeo; (d) Jurel Africano. 1: invierno, 2: primavera, 3: verano, 4: otoño. Las isotermas representan una media de temperatura superficial (Arístegui et al., 2009).

En el norte de la sub-región marroquí, tan sólo la sardina presenta desplazamientos migratorios latitudinales.

CAMBIOS LOCALES EN EL RÉGIMEN DEL SISTEMA DE UPWELLING EN LAS DÉCADAS 80s Y 90s.

Resumen del patrón de cambios decenales a partir del índice de afloramiento.

En verano cuando sucede la estación de afloramiento en la costa NW Africana se observó para más de 10 años (desde 1982 hasta 1991-93) un período de anomalía del índice de upwelling positivo (upwelling débil) seguido por 8-10 años (desde 1992-93 hasta 2001) de fuerte afloramiento(anomalía del índice negativo). En el NW Africano, especialmente entre los 22 y 27°N se produjo un máximo en la anomalía del índice positivo a principios de la década de los 80s. La fuerte anomalía negativa se dio en 1998-1999 en la costa africana.

En la costa noroeste africana el upwelling intenso se produjo principalmente en las latitudes 31-32°N y especialmente en 24-25°N. Ambas áreas son conocidas como "centros de upwelling" adyacentes a los Cabos (Cabo Sim y Cabo Bojador, respectivamente), en donde se encuentra una fuerte corriente ciclónica de viento.

La parte sur del ecosistema de Canarias entre 12-20°N presenta una fuerte variabilidad estacional y en verano (estación de no afloramiento) la SST en la costa es más cálida que en que en océano abierto. La anomalía negativa del índice observada en esta área en las estaciones de verano de 1982 a 1990 significa que en este período las aguas costeras eran más frías de lo que deberían ser. Podría servir como indicador de la variabilidad decenal de los episodios de vientos monzones en verano asociado a un transporte advectivo hacia el norte de aguas cálidas a lo largo de la costa. La parte más al sur de la región del NW Africano desde los 30°N hasta los 12°N la estación de upwelling es en invierno. El cambio en la intensidad del régimen de upwelling es evidente en toda la extensión meridional de esta parte del EBUE pero el tiempo de transición corre más tarde (1995-97) durante la época de invierno que durante el verano (1991-1992) en el área de upwelling permanente (22-30°N) (Figura 8).

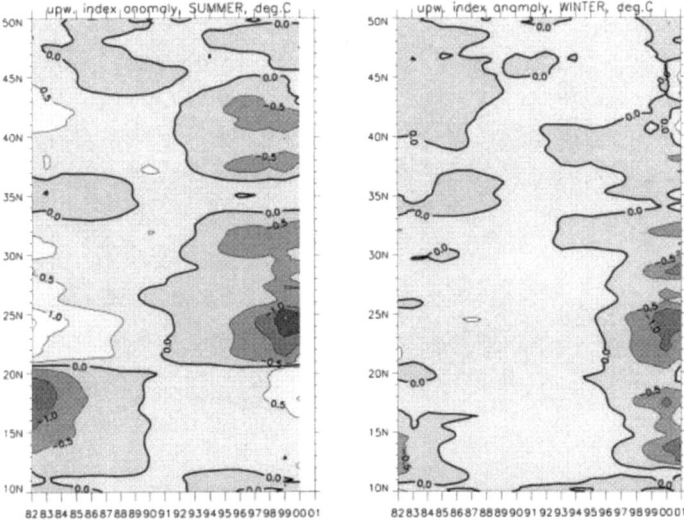

Fig.8. Secciones latitudinales para la estación de verano (izquierda) y para el invierno (derecha) de anomalías del índice de upwelling (°C) (Santos et al., 2005).

REFERENCIAS.

- Álvarez –Salgado, X.A., Arístegui, J., Barton, E.D., Hansell, D.A., 2007. Contribution of upwelling filaments to offshore carbón export in the subtropical Northeast Atlantic Ocean. *Limnology and Oceanography 52*, 1287-1292.

- Arísteguí, J., Barton, E.D., Álvarez-Salgado, X.A., Santos, A.M.P., Figueiras, F.G., Kifani, S., Hernández-León, S., Maron, E., Machú, E., Demarq, H., 2009. Sub-regional ecosystem variability in the Canary Current upwelling. *Progress in Oceanography 83*, 33-48.

- Barton, E.D., Arístegui, J., Tett, P., Cantón, M., García-Braun, J., Hernández-León, S., et al. (1998). The transition zone of the Canary Current upwelling región. *Progress in Oceanography 41*, 455-504.

- Barton, E.D., Arístegui, J., Tett, P., Navarro-Pérez, E., 2004. Variability in the Canary Islands area of filament-eddy exchanges. *Progress in Oceanography 62*, 71-94.

- Karstensen, J., Stramma, L., Visbeck, M., 2008. Oxygen minimum zones in the eastern tropical Atlantic and Pacific oceans. *Progress in Oceanography 77*, 331-350.

- Lauthuilière, C., Echevin, V., Lévy, M., 2008. Seasonal and intraseasonal surface chlorophyll-a variability along the NW African coast. *Journal of Geophysical Research 113*, C05005. doi: 10.1029/2007JC004433.

- Machín, F., Hernández-Guerra, A., Pelegrí, J.L., 2006. *Progress in Oceanography 70*, 416-447.

- Santos, A.M.P., Kazmin, A.S., Peliz, A., 2005. Decadal changes in the Canary upwelling system as revealed by satellite observations: Their impact on productivity. *Journal of Marine Research 63*, 359-379.